Rubén Caballero Méndez

MAZDA MX-5
INTERROGANDO A LA ECU

MAZDA MX5 Interrogando a la ECU

Rubén Caballero Méndez

Miata
CLASIC CAR

MAZDA MX5 Interrogando a la ECU

Rubén Caballero Méndez

MAZDA MX-5
INTERROGANDO A LA ECU

Rubén Caballero Méndez

RCM

Publicado por RCM
2014

MAZDA MX5 Interrogando a la ECU

Copyright © 2014 by Rubén Caballero Méndez

All rights reserved. This book or any portion thereof may not be reproduced or used in any manner whatsoever without the express written permission of the publisher except for the use of brief quotations in a book review or scholarly journal.

Todos los derechos reservados. Esta publicación o cualquier parte de la misma no pueden ser reproducida o utilizada en cualquier forma sin el permiso expreso y por escrito del editor, excepto para el uso de breves citas en una reseña de un libro o una revista académica.

First Printing: 2014

ISBN 978-1-291-97377-8

RCM
C\ Einstein 8
San Bartolomé de Tirajana, Canarias, España, 35100

Librerías y mayoristas comerciales: Por favor contactar con RCM, email:

caba_77@msn.com

Rubén Caballero Méndez

Contenido

Introducción 9

Capítulo 1: Adquiriendo los materiales. 11

Capítulo 2: Cálculo de la resistencia de un LED. 13

Capítulo 3: Fabricar la lámpara de pruebas. 15

Capítulo 4: Interrogando a la ECU. 19

Capítulo 5: Efectos de los códigos de error. 23

Capítulo 6: Comprobación de los interruptores, función monitor. 25

Capítulo 7: Impulsos del encendido. 27

Capítulo 8: Test ventilador del radiador. 29

Capítulo 9: Test bomba de combustible. 31

Capítulo 10: Comprobación del sensor de oxígeno. 33

Capítulo 11: Comprobación del sensor de posición de la mariposa del acelerador. 35

Capítulo 12: Limpieza del sensor de posición de la mariposa del acelerador. 39

Capítulo 13: Limpieza del caudalímetro. 41

Capítulo 14: Sustitución del sensor de temperatura del refrigerante. 43

Capítulo 15: Ubicación de elementos. 45

Apéndice 1 47

MAZDA MX5 Interrogando a la ECU

Apéndice 2 .... **49**
Apéndice 3 .... **51**
Apéndice 4 .... **52**
Apéndice 5 .... **53**
Apéndice 6 .... **54**
Glosario **57**

Rubén Caballero Méndez

Introducción

El propósito de este libro, es poder aportar un mayor conocimiento de nuestro vehículo, a los amantes del Mazda MX-5 y mecánicos aficionados, brindando las herramientas necesarias para la correcta realización de la diagnosis de nuestro vehículo y obtener resultados, como si de un profesional se tratara. No obstante, no nos olvidamos, que su principal misión es la de ser un manual práctico y para su uso cotidiano, por lo que al final de este, se encuentran algunas secciones que podemos usar para llevarlas en la guantera de nuestro coche y facilitarnos un seguimiento exhaustivo de este.

En ningún caso, este libro intenta sustituir a los libros de taller que la casa suministra, ni a otras publicaciones especializadas. Su único propósito es el de hacernos disfrutar conociendo un poco más nuestro coche, prevenir posibles averías o incluso repararlas sin apenas conocimiento de mecánica.

La adquisición de este ejemplar nos supondrá un ahorro económico desde el mismo momento de su compra. Evitando tener que ir a la casa para la realización de la diagnosis del estado del vehículo, así como dándonos las herramientas necesarias para no dejarnos engañar o poder hablar con propiedad en las visitas al mecánico que tengamos que hacer.

Por eso, espero disfruten de su uso, adquiriendo sólidos conocimientos del funcionamiento de su vehículo de una forma sencilla y fácil.

MAZDA MX5 Interrogando a la ECU

Capítulo 1: Adquiriendo los materiales.

Para poder realizar la diagnosis a nuestro coche, como si de un concesionario autorizado se tratara, lo primero que debemos hacer, es fabricar nuestro propio lector de códigos del ordenador central o *"ECU"*, como dirían en un caro taller. Estos códigos los leeremos a través de: "la lámpara de pruebas".

Esta lámpara es muy fácil de fabricar y usar, y nos da toda la información necesaria para poder detectar las averías de nuestro vehículo, orientándonos en su reparación y brindándonos la posibilidad de hacer un seguimiento de su evolución.

Para la realización de esta necesitaremos:

1- Un diodo *LED* (*light emitting diode*), que son los que emiten luz y suelen llevarlos todos los aparatos electrónicos. Son fáciles de conseguir y se pueden comprar en cualquier tienda de electrónica. Si lo vamos a comprar, mejor adquirir uno de "12 *voltios*", para que opere sin problemas en nuestro circuito, si solo conseguimos uno normal o queremos reciclar uno de algún aparato electrónico que tengamos por casa, tampoco habrá problema.

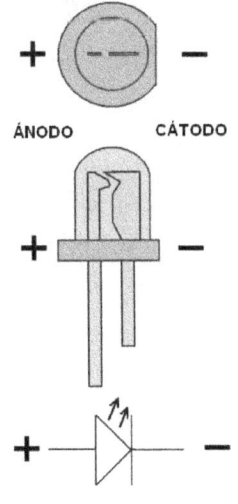

2- Una resistencia de unos 600 *homnios*, solo necesaria si no se está usando un diodo de 12v.

MAZDA MX5 Interrogando a la ECU

3- Un cable de unos 8 cm de largo y unos 2 mm de grosor, para 12v, de color rojo.
4- Otros dos cables iguales al anterior pero negros, para ayudarnos a distinguir el *cátodo* del *ánodo* del diodo cuando vallamos a hacer las conexiones. Para evitar errores, obsérvese que el cátodo o polo negativo del diodo, lleva un corte o una parte plana en su lado correspondiente, así como una patilla más corta.
5- Para terminar podemos comprar cuatro terminales planos de unos 2mm, para los extremos de los cables, o unos redondos muy finos. Si no encontramos ninguno, también podremos hacerlo simplemente dejando estañadas las puntas de los cables. Otra opción muy recomendable es usar las puntas de los fusibles de tamaño pequeño, no el que monta nuestro coche. Estos fusibles más pequeños, tienen el tamaño perfecto para encajar en el conector de diagnosis.
Si queremos dejarlo con un aspecto más profesional, podemos adquirir un trozo de 10 o 15 cm de *tubo termo retráctil* de un grosor acorde con el cable que estemos usando, para dejar las uniones aisladas. En caso de no tener esto, podremos usar cinta aislante.
6- Soldador y estaño.

Capítulo 2: Cálculo de la resistencia de un LED.

Este capítulo sólo es necesario en caso de no tener un diodo de 12v y queramos calcular que resistencia necesaria para usar otro diodo. Si no, puedes pasar al siguiente capítulo.

Para hacer funcionar un diodo LED, basta con dos pilas AA o AAA conectadas en serie, pero para otras tensiones, es necesario utilizar una resistencia limitadora para evitar que el excesivo voltaje lo queme.

La fórmula a usar para calcular el valor correcto de la resistencia del circuito es:

$$Resistencia(Ohms) = \frac{Voltaje\ de\ alimentación - Caída\ de\ voltaje\ del\ LED}{Rango\ de\ corriente\ del\ LED}$$

Dónde:

- **Voltaje de la fuente de alimentación**, es el voltaje aplicado al circuito (una batería de 12 voltios en nuestro caso).

- **Caída de voltaje del LED**, es el voltaje necesario para el funcionamiento del LED, generalmente está entre 1.7 y 3.3 voltios, depende del color del diodo y de la composición de los metales.

MAZDA MX5 Interrogando a la ECU

- **Rango de corriente del LED**, es determinado por el fabricante, usualmente está en el rango de unos pocos miliamperios.

En realidad, la fórmula a aplicar, no es otra cosa que la tradicional ley de Ohm aplicada a un circuito en serie:

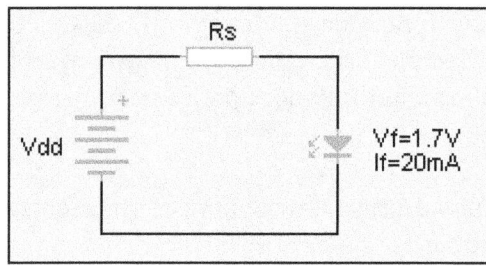

Para el caso que nos ocupa, que sería usar un *LED* rojo en un coche con una batería de 12v, seria:
RS = (12v - 1.7v) / 20mA = 10.3v / 20mA = 515 ohm.

Consultar las tablas de los apéndices para saber el voltaje de los distintos diodos, así como para calcular el valor de una resistencia (apéndices 1 y 2), el rango de corriente del *LED* lo facilita el fabricante y suele ser de unos pocos miliamperios, de 10 a 20 normalmente, si no sabes este valor, usa 20 mA como en el ejemplo.

Es conveniente siempre ir al valor estándar superior de resistencia para mayor seguridad. En este caso podría ser 590 ohm o bien 680 ohm.

Capítulo 3: Fabricar la lámpara de pruebas.

Primero, necesitaremos un diodo LED de 12 voltios y debemos identificar el polo positivo y el negativo. En el positivo suele ir la resistencia, si tenemos dudas podemos ayudarnos de un polímetro para detectar la polaridad, o un método fácil, es por medio de una pila o fuente de 12v, en la que

esté identificada la polaridad. Conectaremos nuestro diodo en una posición u otra hasta que luzca y en esa posición tendremos identificados su polo positivo y negativo, siempre con la resistencia conectada al diodo.

Una vez detectado los polos debemos marcarlos con un rotulador para no equivocarnos cuando nos dispongamos a soldar.

Si no disponemos de un diodo *LED* de 12 v. podemos coger uno normal y añadirle una resistencia a uno de sus terminales, consultar las tablas de los apéndices para calcular el voltaje del diodo y la resistencia necesaria.

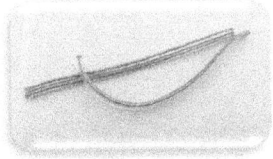

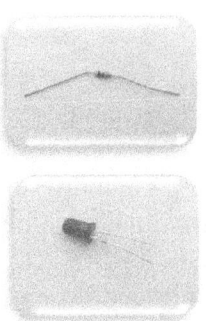

MAZDA MX5 Interrogando a la ECU

También necesitaremos unos trozos de cable y unos conectores. Si no encontramos unos que nos valgan, podemos fabricarlos con unos fusibles. Tienen el tamaño exacto para encajar en el conector de la ECU, como ya había comentado antes.

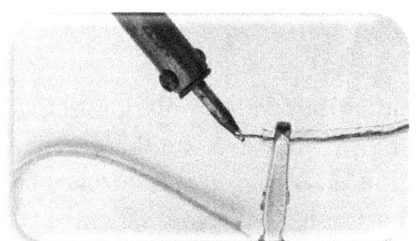

Cortamos los fusibles a la mitad para sacar dos conectores y ajustarlos al tamaño deseado como se muestra en la foto.

Cortamos los cables a unos 8 cm. y estañamos las puntas.

Una vez estañadas, unirlas a los terminales y al LED.

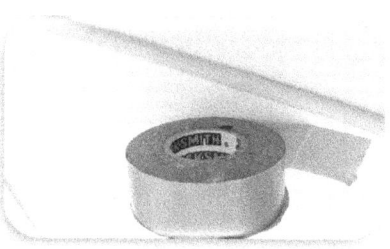

Cuando tengamos todos los terminales soldados, podemos dejar un aspecto más profesional cubriéndolos con un poco de cinta aislante o mejor si disponemos de *tubería termo retráctil*.

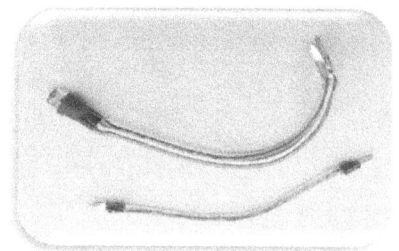

Para usar *tubería termo retráctil*, debemos cortar el trozo que necesitemos, cubrir el terminal y aplicar calor con un mechero sin incidir directamente sobre la tubería con la llama, calentando poco a poco hasta que se ajuste al cable y al terminal, formando una unión sólida; recordar que también podemos usar cinta aislante.

Una vez terminado, tendrá un aspecto similar al de la foto. Podemos mantener el cable *"jumper"* unido al resto por un trozo de tubería, para evitar perderlo y tenerlo más a mano.

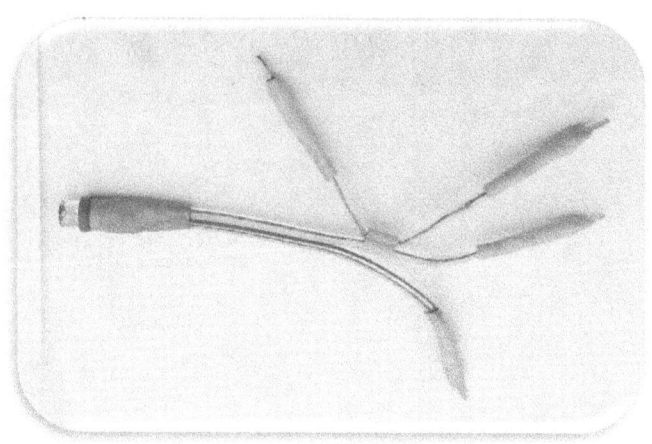

MAZDA MX5 Interrogando a la ECU

Capítulo 4: Interrogando a la ECU.

Una vez ya tenemos nuestra herramienta de diagnosis preparada, vamos a proceder con los pasos a seguir para su correcta conexión y lectura.

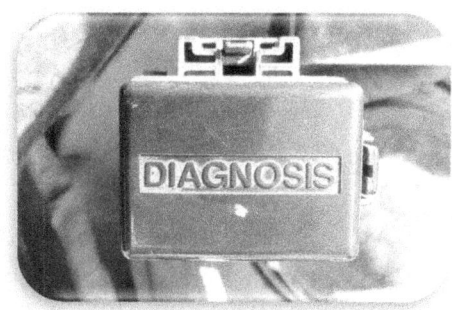

Procedimiento:

Con el motor caliente a temperatura de funcionamiento y el encendido desconectado (sin meter la llave):

1. Abrir la caja de conexión de diagnosis.
2. Localizar los terminales marcados con *"GND"* y *"TEN"*.
3. Con el *jumper*, el cable que usamos para hacer el puente, introducimos una de las puntas en el terminal *"GND"* y la otra en el *"TEN"*.

 Atención: Es extremadamente importante estar seguro que se introduce los cables en los terminales correctos, un mal uso puede ocasionar importantes averías o daños personales.

4. Insertar el terminal *"-LED"* (terminal negativo del LED, recubierto con aislante negro), en el terminal de la caja de diagnosis marcada como *"FEN"*.
5. Insertar el terminal *"+LED"* (terminal positivo del LED, recubierto con aíslate rojo), al terminal marcado como *"+B"*.

MAZDA MX5 Interrogando a la ECU

 Atención: Tenga en cuenta que este terminal está conectado directamente a la batería, por lo que es capaz de suministrar gran amperaje. No debe tocar este terminal con ningún otro objeto metálico.

6. Ponga la llave de arranque en posición de contacto, pero sin arrancar el motor.
7. Observe el LED de la lámpara de pruebas (o la luz de verificación del motor del panel de instrumentos, según modelo).

Se debe iluminar durante tres segundos y después se apaga.

Esto confirma que el sistema de auto diagnóstico está operativo.

Si se produce una nueva serie de destellos significa que la ECU ha detectado uno o más fallos en la entrada o salida de los sensores de control del motor.

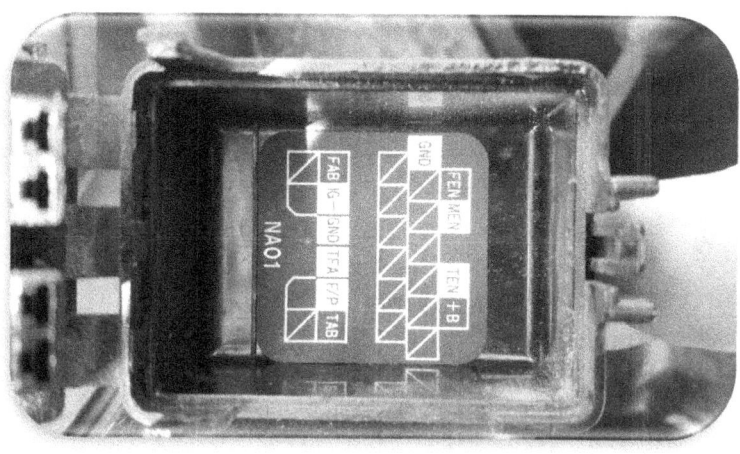

Los códigos de avería se presentan como una serie de destellos. Los destellos largos (2 seg.) indican decenas y los cortos (0,4 seg.) unidades. Entre cada código hay una pausa de 4

segundos, una vez reportado todos los códigos vuelve a empezar desde el principio.

Apunte los códigos que va mostrando y posteriormente compruébelos en la tabla del anexo correspondiente.

Ejemplos:
    Código 04 →Cuatro destellos cortos.
    Código 16 →Un destello largo y seis cortos.
    Código 34 →Tres destellos largos y cuatro cortos.

MAZDA MX5 Interrogando a la ECU

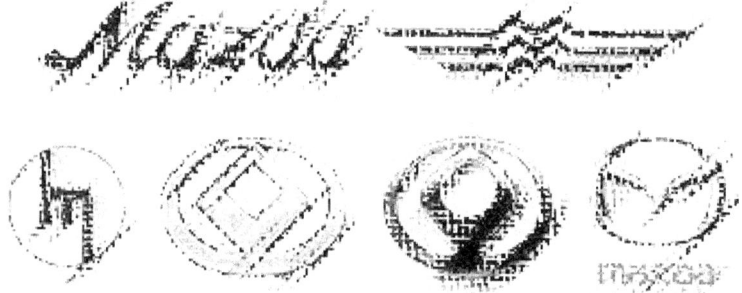

Capítulo 5: Efectos de los códigos de error.

Por defecto, cuando la *ECU* detecta algún elemento que falla o no puede determinar los valores de su lectura, vuelve a los valores predeterminados, que tiene grabados de fábrica, funcionando en modo a prueba de fallos.

En general, en este modo a prueba de fallos, suele dar muy buenos resultados, siendo casi inapreciable en el funcionamiento del motor, el error que puede estar recogiendo de algún sensor o cableado.

Como excepción, los códigos 1, 2, 3 y 4, pueden dar problemas serios de funcionamiento, inutilizando por completo el vehículo, o haciéndolo funcionar de forma deficiente, si los fallos son intermitentes.

Los primeros coches de 1.6 l (115 cv), pueden seguir funcionando, aunque con el rendimiento ligeramente reducido, con el código 3 presente.

Con el código 8, el motor se verá afectado notablemente, excepto, en algunas contadas circunstancias, pudiendo no funcionar en absoluto según modelo.

Con el resto de códigos, como comentábamos antes, al coger la *ECU* sus valores predeterminados, en muchos de los casos, el conductor ni siquiera se dará cuenta del fallo, pareciendo ir todo bien, pero disminuyendo la eficiencia del motor así como a la economía, rendimiento o emisiones de gases, que se verán afectados en mayor o menor grado.

MAZDA MX5 Interrogando a la ECU

Rubén Caballero Méndez

Capítulo 6: Comprobación de los interruptores, función monitor.

La *ECU*, para su correcto funcionamiento, depende de las señales de una serie de interruptores, que informan a esta, de las circunstancias de operación del vehículo. Es el caso del acelerador, en el que se recoge, si está presionado en parte, totalmente o nada, también recoge si la caja de cambios está en punto muerto o si el aire acondicionado está en funcionamiento, por nombrar algunos.

Comprobar el correcto funcionamiento de estos interruptores necesarios para el buen funcionamiento del vehículo, resulta muy útil a la hora de descartar elementos y detectar el componente que falla. Esto, lo podremos realizar con la lámpara de pruebas mediante unas conexiones muy sencillas.

Procedimiento:

1- Colocar el conector de diagnosis en modo prueba (uniendo terminales *"GND"* y *"TEN"* con el *jumper*).
2- Insertar el terminal *"-LED"* (aislado en negro) de la lámpara de pruebas en el conector de la caja de diagnosis marcado con *"MEN"*.
3- Insertar el terminal *"+LED"* (aislado en rojo) de la lámpara de pruebas en el conector *"+B"*.

 Atención: Recuerde que este terminal está conectado directamente al positivo de la batería, pudiendo suministrar muchos amperios de corriente eléctrica.

MAZDA MX5 Interrogando a la ECU

Por ese motivo debemos extremar las precauciones de no tocar con él a masa o cualquier otra parte de la carrocería, así como con otros cables.

4- Poner el interruptor de arranque en contacto (segunda posición de la llave, justo antes de que arranque el motor). No debemos arrancar el motor.

Asegúrese que todos los equipos eléctricos estén apagados y que la caja de cambios esté en punto muerto.

5- Comprobar que el LED de la lámpara de pruebas está apagado (off).

6- Operar con cada elemento según muestra la tabla "Función monitor" en los apéndices.

Comprobar si el *LED* se enciendo o apaga (on/off), según se valla especificando en cada procedimiento.

Capítulo 7: Impulsos del encendido.

Cuando el motor está encendido, el terminal "*-IG*" es el encargado de mostrar los impulsos derivados del encendido, procedentes del módulo de encendido. Este impulso se puede utilizar para accionar un tacómetro electrónico o una luz de sincronización (lámpara estroboscópica).

Los impulsos son de bajo voltaje y se producen dos por cada revolución del motor.

La alimentación para la conexión de estos elementos se puede tomar del conector "azul", que se encuentra próximo al de diagnosis. Este suministra 12v con el contacto puesto.

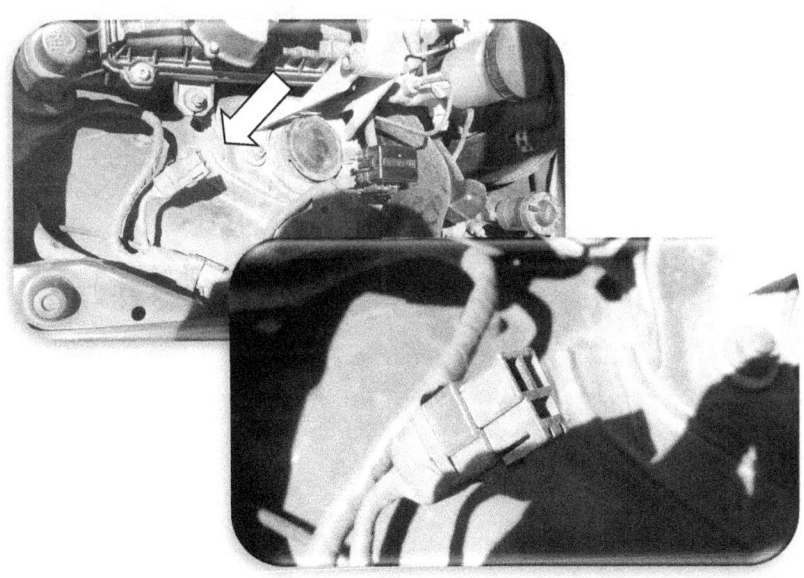

MAZDA MX5 Interrogando a la ECU

Capítulo 8: Test ventilador del radiador.

Para comprobar el funcionamiento del ventilador del radiador se utiliza el terminal *"TFA"*. También se usa para comprobar el relé del ventilador y el *termocontacto*.

Sin embargo, esta función de prueba, podría no funcionar en algunos modelos posteriores, que tengan el funcionamiento del ventilador de refrigeración controlado por la *ECU*.

Procedimiento:

1- Llave de arranque en encendido, pero sin arrancar el motor.
2- Conectar el *"-LED"* de la lámpara de pruebas al terminal *"GND"* del conector de diagnosis.
3- Conectar el *"+LED"* de la lámpara de pruebas al *"TFA"*.
4- Verificar que la lámpara de pruebas luce.

Esto confirma que el circuito del *termocontacto* funciona bien. Es decir, no hay cortocircuito o circuito abierto.

Para la siguiente prueba, tenemos que retirar los cables de la lámpara de prueba, de los terminales anteriores y sustituirlos por el cable *jumper*:

Procedimiento:

1- Asegurarnos de no tener las manos, partes de la ropa que puedan colgar, herramientas u otros objetos extraños en la zona del ventilador del radiador.
2- Con el cable *jumper* unir el terminal *"GND"* al *"TFA"*.
3- Apreciar como un clic, del relé del electroventilador suena y el ventilador comienza a girar.

MAZDA MX5 Interrogando a la ECU

Esta función resulta muy útil a la hora de comprobar el funcionamiento del relé del electroventilador, así como el ventilador en sí.

Capítulo 9: Test bomba de combustible.

Para la comprobación de la bomba de combustible, utilizaremos el terminal marcado en la caja de conexión de diagnosis como "*F/P*". En condiciones normales, la bomba de combustible sólo entra en funcionamiento cuando el motor está girando, movido por el motor de arranque o porque está encendido.

Procedimiento:

1- Llave de arranque en encendido, pero sin arrancar el motor.
2- Retira el tapón de llenado de combustible.
3- Con el *jumper* de nuestra lámpara de pruebas conectar el terminal "*F/P*" al termina "*GND*".
4- Sitúate en la boca de llenado de combustible del depósito del vehículo y escucha en el orificio. Debes notar el sonido de la bomba de combustible funcionando.

Atención: Este tipo de comprobación de la bomba sólo se debe de usar por intervalos muy cortos, puesto que al forzarla a encenderse, presuriza toda la instalación de combustible con alta presión, lo cual puede resultar peligroso, principalmente si se encuentra algún elemento del sistema desconectado o con fugas.

Las revisiones de presión de combustible son potencialmente muy peligrosas.

MAZDA MX5 Interrogando a la ECU

Capítulo 10: Comprobación del sensor de oxígeno.

Otra comprobación que podemos efectuar, es la medición de la sensibilidad del sensor de oxigeno o *"sonda lambda"*.

Para esta medición no usaremos la lámpara de pruebas, sino un voltímetro (o multitester en la posición del voltaje continuo 12v o superior).

También puede que necesitemos unas extensiones de cable para las puntas de prueba del voltímetro o la ayuda de otra persona que nos lea los valores mientras nosotros actuamos sobre el acelerador.

Procedimiento:

1- Ajustar la escala del voltímetro (si es necesario), para medir voltaje de corriente continua superior a 12v.
2- Conectar la punta positiva del voltímetro (color rojo), al "*B+*" de la caja de diagnosis.
3- Conectar la punta negativa del voltímetro (color negro), al terminal "*MAN*" de la caja de diagnosis. No realice ninguna otra conexión en la caja de diagnosis.
4- Aumentar la velocidad del motor a 3000 rpm y observar la pantalla del voltímetro. Después de un corto periodo, la pantalla debe reflejar impulsos de 0 a 10 voltios, a intervalos de un segundo aproximadamente.

MAZDA MX5 Interrogando a la ECU

Esta prueba indica que el *sensor de oxígeno* está en funcionamiento. Sin embargo, no indica que esté funcionando exactamente como debiera. Para la correcta medición del *sensor de oxigeno* se necesita un medidor de prueba específico que mide la relación aire/combustible.

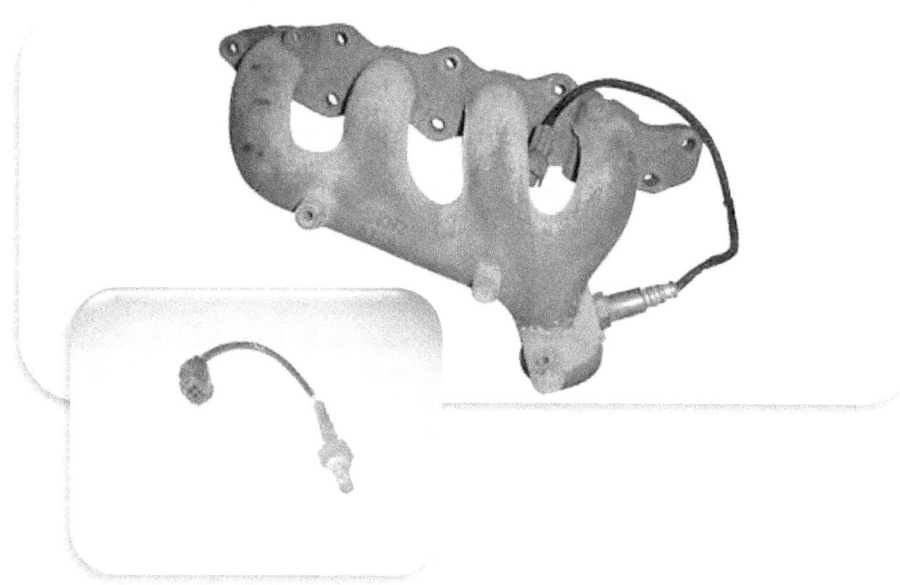

Capítulo 11: Comprobación del sensor de posición de la mariposa del acelerador.

Para la comprobación del sensor de posición de la mariposa del acelerador, necesitaremos un polímetro en su función de resistencia o continuidad (óhmetro).

La comprobación se puede hacer directamente en el coche, sin tener que desmontar el sensor, aunque aquí se haya hecho con el elemento desmontado, para una mayor nitidez de la operación.

Procedimiento:

1. Quitamos el conector del sensor y verificamos que consta de 3 patillas.
2. Ajustamos la escala del polímetro a ohmios o en la posición de comprobación de diodos /continuidad.
3. Cogemos la dos puntas del polímetro, e indistintamente colocaremos una de ellas en la patilla central del conector (da igual que sea la positiva o la negativa) y la otra en la inferior, como muestra la fotografía.
4. En esta posición, en estado de reposo, debemos obtener una

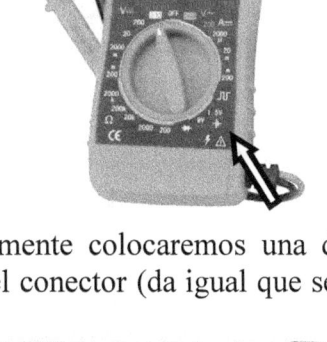

lectura del óhmetro muy pequeña (entre 0,2 y 0,4 Ω aproximadamente), una lectura muy grande o si nos sale el símbolo "OL" (que significa que no hay continuidad), y podría estar indicándonos suciedad en los contactos internos, y por lo tanto, un mal funcionamiento del sensor.

5. A continuación, sin mover las puntas del polímetro, giraremos la mariposa del acelerador, bien actuando sobre esta o pisando sobre el pie del acelerador hasta el fondo (en este caso, nos tendrá que ayudar alguien que pise el acelerador, mientras nosotros comprobamos la lectura del polímetro). Ahora el polímetro debe marcar "OL" o circuito abierto, lo cual significa que desconecta bien los contactos internos.

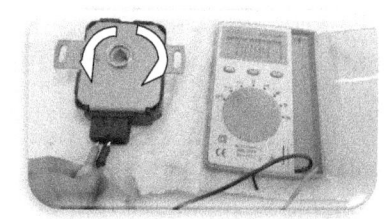
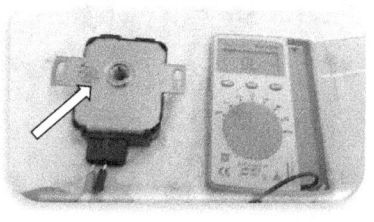

6. Apartamos las puntas del polímetro de las patillas anteriores y ahora conectaremos indistintamente una punta en la patilla central y la otra en la superior. Aquí, en reposo, nos debe dar "OL", al revés que en la operación anterior.

7. Después haremos la comprobación igual que en el caso anterior, girando la mariposa con el acelerador, nos debe dar una lectura de pocos ohmios, como nos daba en el caso contrario de antes. En la foto se puede ver la comprobación con el sensor desmontado, en este caso se tendría que girar el eje triangular que se señala en la imagen.

Las medidas obtenidas en las dos posiciones, nos pueden servir de referencia para saber el estado de los contactos internos, los cuales, si es necesario se puede proceder a su limpieza y comprobación de nuevo, para evitar comprar una pieza nueva.

MAZDA MX5 Interrogando a la ECU

Rubén Caballero Méndez

Capítulo 12: Limpieza del sensor de posición de la mariposa del acelerador.

Para la limpieza del sensor, primero debemos desmontarlo de su ubicación. Tan solo hay que aflojar dos tornillos, pero es muy importante marcar con un rotulador indeleble la posición exacta de cómo está colocado respecto a las marcas que tenemos en uno de los laterales. Esto nos facilitará mucho la colocación del nuevo y nos ahorrará mucho tiempo de pruebas.

Una vez marcado y desmontado de su ubicación, procederemos a quitar la tapa ayudándonos de un destornillador o similar, haciendo palanca por la parte interna (la metálica), y soltando las pestapestañas que entran en la carcasa.

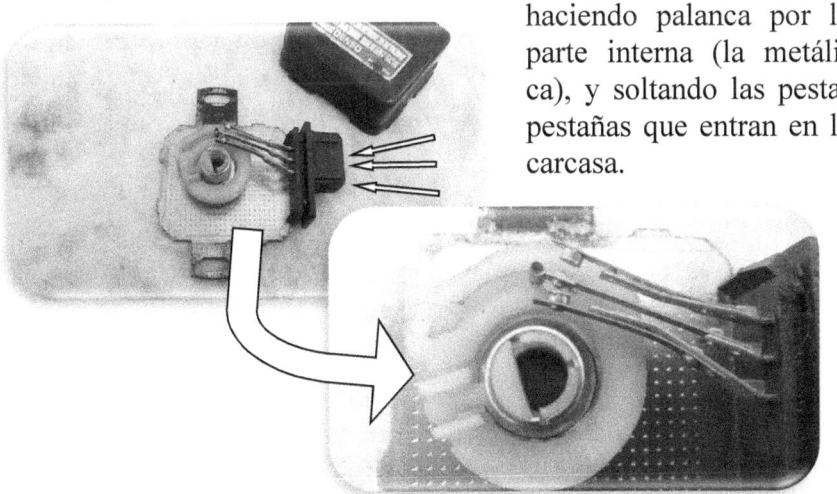

MAZDA MX5 Interrogando a la ECU

Con la carcasa desmontada, nos quedaran visibles los contactos de las tres patillas, pudiendo comprobar, que solo se trata de un interruptor con el común en el centro, el cual se mueve arriba o abajo, haciendo contacto con las otras dos patillas según sentido.

Para la limpieza de estos contactos, basta con aplicar un poco de *limpiador de contactos*, el cual se vende en ferreterías y tiendas especializadas. Este producto limpia las superficies eléctricas sin dejar residuos ni dañar los componentes.

En caso de no ser suficiente con esta limpieza, por encontrarse el contacto con un gran deterioro, podemos usar un estropajo de cocina de fibra no metálica (verde o azul), que usaremos para limpiar solamente la superficie de contacto, sin aplicar excesiva presión. Después, limpiaremos la zona con el mismo producto de antes.

No está de más, ya que lo tenemos desmontado, que comprobemos que los conectores no están flojos y que hay continuidad desde el interruptor interno hasta la conexión externa.

Para montarlo, colocaremos la tapa de nuevo y lo fijaremos en su posición original, prestando atención a las marcas hechas antes.

Capítulo 13: Limpieza del caudalímetro.

Si sospechamos que el caudalímetro puede no estar funcionando bien, antes de realizar una cara sustitución, podemos intentar llevar a cabo una limpieza y revisión interna.

Para tener acceso al mecanismo interior, debemos retirar la tapa plástica superior de caudalímetro. Esta viene pegada al cuerpo con una silicona que hay que retirar con cuidado, ayudándonos de una navaja o cutter.

Esta operación, debemos hacerla con sumo cuidado, para intentar no dañar el interior, ni que entren brozas o suciedad.

Una vez retirada toda la silicona de la tapa, podemos acceder a su interior.

En primer lugar, comprobaremos el conector, asegurándonos que no haya ninguna patilla floja. Con el polímetro en su posición de continuidad (modo para diodos), comprobaremos que las patillas mantienen su continuidad en todo su recorrido, midiendo estas de

MAZDA MX5 Interrogando a la ECU

fuera a dentro, verificando que no se interrumpe el paso de corriente en ningún punto, pues de ser así, generaría un fallo.

El segundo elemento que debemos comprobar es el potenciómetro interno, que no es otra cosa que una pequeña lámina metálica que discurre a lo largo de un semicírculo impreso en la placa. Este potenciómetro debe de circular por todo el recorrido de la placa sin dificultad y tocando perfectamente con esta en todo momento.

Para asegurarnos de que trasmite la señal perfectamente y no opone resistencia al paso de la corriente, lo limpiaremos con un limpiador de contactos, que ya hemos usado con anterioridad.

También es conveniente, aprovechando que lo tenemos desmontado, hacer una limpieza interna de todas las partes móviles y quitar la carbonilla y suciedad que a veces tiene. También es importante limpiar, con el mismo limpiador de contactos, la pequeña sonda de detección que tiene a la entrada del aire, marcada en la foto.

Capítulo 14: Sustitución del sensor de temperatura del refrigerante.

Si los códigos de fallo, nos dice que el sensor de temperatura está en mal estado, podemos sustituirlo de manera muy fácil, aunque antes de esto, siempre es aconsejable limpiar el conector bien, volver a ponerlo, borrar los códigos y probar de nuevo.

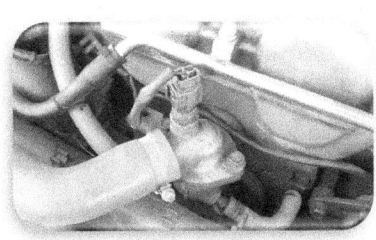

Acuérdate siempre de borrar los códigos entre operaciones, pues si no, te seguirá dando los mismos, hagas lo que hagas.

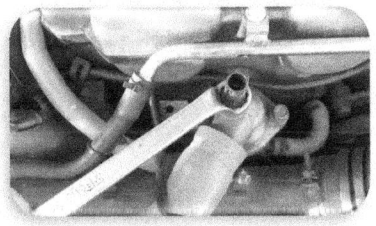

Una vez limpio el conector, si sigue fallando, deberás proceder a la sustitución. Para esto, sólo debes desconectarlo del cableado y con una llave fija aflojarlo hasta que lo puedas retirar con las manos.

Sacado el sensor de su ubicación, puedes comprobar su estado. A veces el mal funcionamiento es debido a una capa de impurezas que se genera alrededor del sensor, esta se quita con mucha facilidad pasándole un estropajo de fibra suave. También, con ayuda de un polímetro, en su función de continuidad, se puede verificar el estado del sensor. Con el elemen-

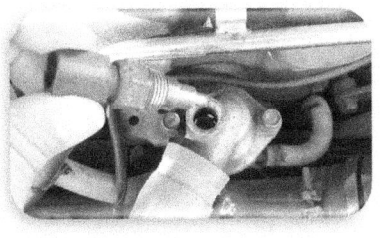

MAZDA MX5 Interrogando a la ECU

to en frio, colocamos un cable en la patilla de este y otro en el cuerpo. Esto nos confirmará que existe continuidad. Luego, con ayuda de un cazo con agua hirviendo, introduciremos la punta del sensor un par de minutos y acto seguido volveremos a realizar la medición, la cual, en caliente, nos dará que no existe continuidad.

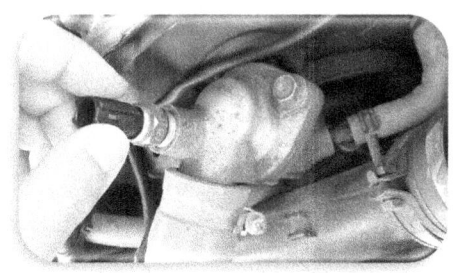

Algunos sensores pueden funcionar al contrario, pero lo importante es detectar si al cambiarlo de estado, de frio a calor y viceversa, el interruptor térmico que tiene dentro, abre y cierra bien. De todas formas, algunas veces aunque abriera y cerrara bien, podría estar algo dañado y demorar en exceso esa conexión/desconexión, lo cual podría hacer que la señal que estuviera recibiendo la centralita no se correspondiera exactamente con la situación real del vehículo, afectando a la conducción.

Este elemento no es caro y es mejor una sustitución en caso de dudas, la cual para realizarla, solo tenemos que roscar el nuevo, asegurándonos que va con su correspondiente junta de goma y sin hacer una fuerza excesiva, para evitar dañar la rosca. Luego colocaremos el conector de nuevo y borraremos los códigos antiguos antes de probar el vehículo de nuevo.

Capítulo 15: Ubicación de elementos.

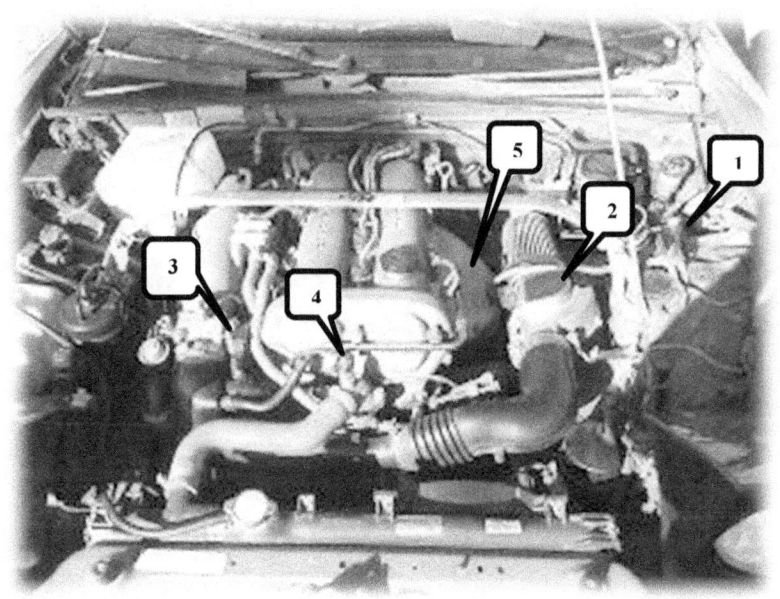

 Conector E.C.U.

 Caudalímetro.

 Sensor posición mariposa.

 Sensor temperatura refrigerante.

 Sensor oxígeno.

MAZDA MX5 Interrogando a la ECU

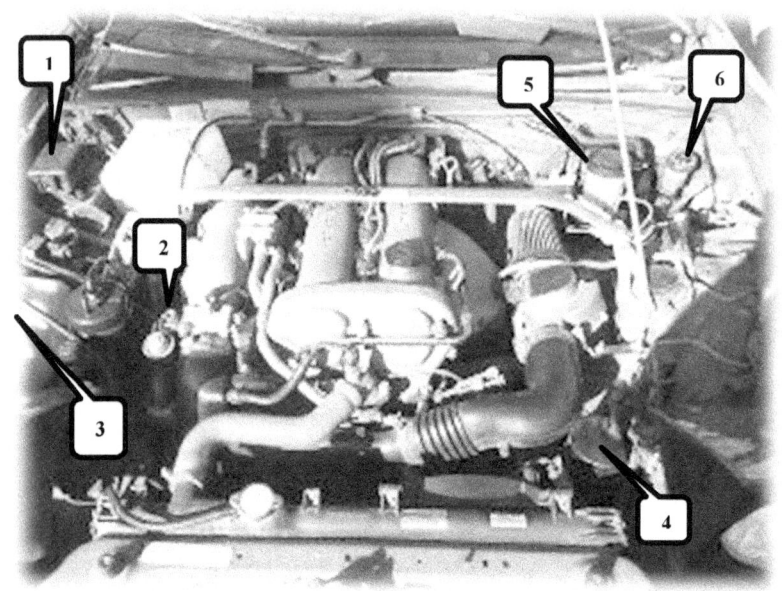

 Caja fusibles.

 Tornillo ajuste ralentí.

 Vaso expansión refrigerante.

 Depósito líquido de trasmisión.

 Depósito líquido de frenos.

 Depósito líquido de embrague.

Apéndice 1

Tabla de voltaje LED según color.

Según el color del LED que vayamos a usar, debemos tener en cuenta el voltaje de funcionamiento que aparece en la tabla. Para poder sustituirlo en la fórmula de cálculo de la resistencia necesaria.

Tipo de diodo	Caída de voltaje del LED
Rojo de bajo brillo	1.7 voltios
Rojo de alto brillo, alta eficiencia y baja corriente	1.9 voltios
Naranja y amarillo	2 voltios
Verde	2.1 voltios
Blanco brillante, verde brillante y azul	3.4 voltios
Azul brillante y LED especializados	4.6 voltios

$$Resistencia(Ohms) = \frac{Voltaje\ de\ alimentación - Caída\ de\ voltaje\ del\ LED}{Rango\ de\ corriente\ del\ LED}$$

MAZDA MX5 Interrogando a la ECU

Para el rango de corriente del LED, la mayoría de los fabricantes recomiendan: 10mA para los diodos azules de 430nm, 12mA para los modelos que funcionan con 3.4 voltios y 20mA para los diodos de voltajes menores.

Apéndice 2

Tabla de lectura de resistencias.

Si no estamos seguros del valor de la resistencia que tenemos, debemos guiarnos por una tabla de lectura, la cual nos ira diciendo el valor que corresponde por el color de cada banda.

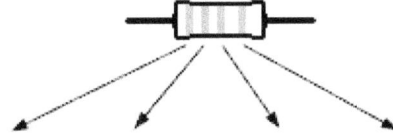

Colores	1ª Cifra	2ª Cifra	Multiplicador	Tolerancia
Negro		0	0	
Marrón	1	1	x 10	±1%
Rojo	2	2	x 10^2	±2%
Naranja	3	3	x 10^3	
Amarillo	4	4	x 10^4	
Verde	5	5	x 10^5	±0.5%
Azul	6	6	x 10^6	
Violeta	7	7	x 10^7	
Gris	8	8	x 10^8	
Blanco	9	9	x 10^9	
Oro			x 10^{-1}	±5%
Plata			x 10^{-2}	±10%
Sin color				±20%

MAZDA MX5 Interrogando a la ECU

Para su lectura iremos sustituyendo los colores por los números que nos indica la tabla, empezando a leerlos por el lado contrario de la banda plateada o dorada que suelen llevar.

Ejemplo:

Si los colores son: (**Marrón - Negro - Rojo - Oro**) su valor en ohmios es:

⇧
10 x 100 ±5 % = 1000 Ω = 1K Ω Tolerancia de ± 5%

5 bandas de colores:

También hay resistencias con 5 bandas de colores, la única diferencia respecto a la tabla anterior, es qué la tercera banda es la 3ª cifra, el resto sigue igual.

Rubén Caballero Méndez

Apéndice 3

 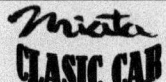

	Códigos de fallo. [TEN] Jumper [GND] [B+] +LED - [FEN] Colocar llave en posición encendido.	
	MK1: Códigos de 2 dígitos. Destello largo: decenas. Destello corto: unidades. Todos los códigos separados por una pausa. Los códigos se repiten después de una pausa larga.	
	Desconectar la batería, o fusible BTN, y apretar el pedal del freno durante 10 segundos para borrar los códigos.	
Código.	Sensor o sistema.	Diagnóstico.
1	No hay señal de encendido.	Revisar sistema de encendido (encendido, bobinas y cables).
2	Ne señal.	Verificar el sensor del ángulo del árbol de levas.
3	G señal (SGT en 1.8l). No hay señal.	Verificar el sensor del ángulo del árbol de levas.
4	SGC señal (1.8l). No hay señal.	Verificar el sensor del ángulo del árbol de levas.
8	Medidor del flujo del aire (caudalímetro).	Circuito abierto o cortocircuitado.
9	Termostato del líquido refrigerante.	Circuito abierto o cortocircuitado.
10	Termostato del caudalímetro.	Circuito abierto o cortocircuitado.
12	Sensor de posición de la mariposa del acelerador.	Circuito abierto o cortocircuitado.
14	Sensor de presión atmosférica.	Circuito abierto o cortocircuitado.
15	Sensor de oxigeno (salida demasiado baja).	Si el sensor continúa por debajo de 0,55v después de haber mantenido el motor a 1500 rpm. Fallo del sensor o el cableado.
16	Sensor función EGR (1.8l).	Circuito abierto o cortocircuitado.
17	Sensor de oxígeno (potencia de car).	La salida del sensor sigue sin cambios después de 80seg. A 1500rpm. Mala mezcla estequiométrica, pobre o rica. Posible fallo de inyección de combustible, fugas de aire de admisión, fallos de encendido, etc.
25	Electroválvula PRC (1.8l).	Circuito abierto o cortocircuitado.
26	Válvula solenoide de purga del evaporizador.	Circuito abierto o cortocircuitado.
27	Electroválvula EGR de vacío (1.8l).	Circuito abierto o cortocircuitado.
28	Electroválvula EGR de ventilación (1.8l).	Circuito abierto o cortocircuitado.
34	Válvula de control del ralentí.	Circuito abierto o cortocircuitado.

*Copia esta hoja para tenerla a mano.

MAZDA MX5 Interrogando a la ECU

Apéndice 4

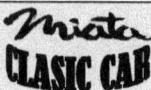 

Códigos de fallo. [TEN] Jumper [GND] [B+] +LED - [FEN] Colocar llave en posición encendido.		
MK2: Códigos de 4 dígitos. Destello largo antes de cada digito. Destello coroto: digito. Todos los códigos separados por una pausa. Los códigos se repiten después de una pausa larga.		
Desconectar la batería, o fusible BTN, y apretar el pedal del freno durante 10 segundos para borrar los códigos.		
Código.	Sensor o sistema.	Diagnóstico.
0100	Medidor del flujo del aire (caudalímetro) o termostato.	Circuito abierto o cortocircuitado.
0105	Termostato del líquido refrigerante.	Circuito abierto o cortocircuitado.
0120	Sensor de posición de la mariposa del acelerador.	Circuito abierto o cortocircuitado.
0134	Temperatura del sensor de oxígeno.	Inactivo (sin salida). Fallo del sensor o el cableado.
0443	Válvula solenoide de purga del evaporizador.	Circuito abierto o cortocircuitado.
0505	Válvula de control del ralentí.	Circuito abierto o cortocircuitado.
1170	Temperatura del sensor de oxígeno.	Inversión (muestra un resultado pero no lo carga). Fallo del sensor o el cableado.
1195	Sensor de presión atmosférica.	Circuito abierto o cortocircuitado.
1250	Electroválvula PRC.	Circuito abierto o cortocircuitado.
1345	SGC señal.	Sin señal. Comprobar el sensor del ángulo del árbol de levas.
1402	Sensor función EGR.	Circuito abierto o cortocircuitado.
1485	Electroválvula EGR de vacío.	Circuito abierto o cortocircuitado.
1486	Electroválvula EGR de ventilación.	Circuito abierto o cortocircuitado.

Copia esta hoja para tenerla a mano.*

Apéndice 5

Función monitor.

Miata CLASIC CAR

[TEN] Jumper [GND]
[B+] +LED - [MEN]
Colocar llave en posición encendido.

Interruptor.	Lámpara de pruebas:		Comentario.
	LED on:	LED off:	
Pedal de embrague.	Sin pisar.	Pisado.	En marcha.
Neutral de la caja de cambios.	En marcha.	Parado.	Pedal del embrague sin pisar.
Ralentí del acelerador.	Pedal parcialmente pisado.	Pedal sin pisar.	Excepto modelo n1.8l.
Potencia del acelerador.	Pedal parcialmente pisado.	Pedal pisado a fondo.	Excepto modelo 1.8l.
Luces de freno.	On.	Off.	Operar con el pedal de freno.
Luces delanteras y de estacionamiento.	On.	Off.	---
Ventilador interior.	Interruptor del aire en posición 2,3 o 4.	Interruptor en posición Off o 1.	1=bajo; 2=medio; 3=alto; 4= súper alto.
Ventilador del radiador.	On.	Off.	Uso del terminal "TFA".
Aire acondicionado.	On.	Off.	Si está equipado con él.
Luneta térmica trasera.	On.	Off.	Si está equipado con él.

Otras funciones.

Ajustar ralentí:

[TEN] Jumper [GND]

Con el motor totalmente caliente, conecte el *jumper* según indicación, antes de ajustar el ralentí a 850 rpm, en el tornillo de ralentí.

Termo contacto del ventilador:	Prueba bomba de combustible:
[FAN] Jumper [GND] Colocar llave en posición encendido.	[F/P] Jumper [GND] Colocar llave en posición encendido.
Conectar el *jumper* como se muestra para puentear el termocontacto del ventilador y forzarlo a funcionar.	Conectar el *jumper* como se muestra para puentear el relé de la bomba y forzarlo a funcionar.

*Copia esta hoja para tenerla a mano.

MAZDA MX5 Interrogando a la ECU

Apéndice 6

Tabla códigos Mazda MX-5 matrícula:

Código.	Avería/síntoma.	Fecha.	Procedimiento realizado.

Copia esta hoja para tenerla a mano.*

Rubén Caballero Méndez

Tabla códigos Mazda MX-5 matricula:

Código.	Avería/síntoma.	Fecha.	Procedimiento realizado.

*Copia esta hoja para tenerla a mano.

MAZDA MX5 Interrogando a la ECU

Tabla códigos Mazda MX-5 matricula:

Código.	Avería/síntoma.	Fecha.	Procedimiento realizado.

Copia esta hoja para tenerla a mano.*

Glosario

Ánodo: Terminal positivo del diodo LED.

Cátodo: Terminal negativo del diodo LED.

ECU: Unidad de control del motor (Engine Control Unit), microordenador que procesa y envía los datos necesarios para el correcto funcionamiento del motor.

EGR: Sistema de recirculación de gases (Exhaust Gas Recirculation), sistema que reduce los óxidos de nitrógeno (contaminación) que contienen los gases de escape.

Homnios: Unidad de medida de la resistencia.

JUMPER: Denominación inglesa para describir un elemento que une o hace de puente.

LED: Siglas procedentes del inglés, light emitting diode. Hace referencias a los diodos emisores de luz.

Ne señal: Pulso del sensor de posición del cigüeñal (1.6 l), usado para el control de los inyectores y el encendido.

PRC: Control regulador de la presión de combustible (Pressure Regulator Control), controla la presión del combustible adaptándolo según demanda.

Sensor de oxígeno: Mide el contenido de oxígeno en los gases de escape y trasmite la información a la ECU. Suele estar situado en el tubo de escape o en el colector de escape.

SGC: Pulso del sensor de posición del cigüeñal (1.8 l). Controla la inyección de combustible y el encendido.

SGT: Ver SGC.

MAZDA MX5 Interrogando a la ECU

Sonda lambda: Mirar Sensor de oxígeno.

Termostato: Interruptor térmico (mecánico), que abre el paso o lo cierra según a la temperatura que este tarado.

Termocontacto: Interruptor térmico (eléctrico), envía una señal o no según temperatura.

Tubo termo retráctil: Tubo de plástico con características térmicas, las cuales lo hacen encoger bajo calor.

Voltios: Unidad de medida del voltaje.

+LED: Punta positiva de la lámpara de pruebas.

-LED: Punta negativa de la lámpara de pruebas.

www.ingramcontent.com/pod-product-compliance
Lightning Source LLC
Chambersburg PA
CBHW072248170526
45158CB00003BA/1032